即将消失的它们

［意］赛莱内拉·夸莱洛　著

［意］阿莱西奥·阿尔奇尼　绘

袁家利　译

北方联合出版传媒（集团）股份有限公司

辽宁少年儿童出版社

沈　阳

"对人类而言，狼是必需的吗？我们真的有必要保护动物吗？其实并不是，就像我们也并不是真的需要莫扎特一样。"

　　法柯·普拉泰西[1]的这番话意味着什么呢？

　　一种音符编不出华美的乐章，一个文字凑不成灿烂的文明，若不是像现在这般拥有成千上万的物种（虽然其中有一部分正濒临灭绝），这片生机勃勃、绿意盎然的大地就只能是一片灰色与寂静。我们或许可以在没有鹭鹤[2]与莫扎特的环境中生存，但我们也失去了他们所赋予的美。就像一首悦耳的曲子、一幅美丽的画，或是一个好玩的游戏和一本有意义的书，它们在我们的生命里虽未占据太多的篇幅，却带给了我们短暂的欢愉和难忘的时光。"生命"于地球也是如此，哪怕是最渺小的生灵也在这个蓝色星球中扮演着重要的角色，也与我们的生命息息相关。它们一旦消失，我们便难以在浩瀚的宇宙中再觅得它们的身影。

　　所以，翻开这本书，同我们一起去了解那些已经消失的动物踪迹和故事，去了解那些濒临灭绝的动物，看看我们还能做些什么，从而帮助它们远离灭绝的危险。

①法柯·普拉泰西：意大利环保主义者、记者和政治家，也是世界野生动物基金意大利分会的创建人及会长。
②鹭鹤：新喀里多尼亚特有的一种鸟类，因为栖息地被破坏，在世界濒危物种中位列鸟类第十二位。

目前，世界上大约有32000种鱼类，7300种两栖动物，10700种爬行动物，10400种鸟类，5500种哺乳动物以及包括昆虫在内的数百万种无脊椎动物。

玛莎和乔治

——不忍提及的故事

最后一只旅鸽——玛莎

　　曾经，旅鸽的数量多到足以遮天蔽日；但后来，却因为肉质鲜美而被端上餐桌，于是一场大规模的屠杀开始了。枪声四起，大量旅鸽从天而落，狩猎者们杀红了眼，连那些残破的尸骨也不放过——它们被用作猪饲料甚至填补坑洼的路面。再后来，连它们的栖息地也未能幸免。直到世界上只剩下最后一只旅鸽——玛莎。

　　于是，玛莎占据了动物园的C位，但它总是没精打采，游客们朝它吹口哨，甚至连朝它扔鹅卵石它也懒得动一动。

　　1914年9月1日，玛莎的心脏停止了跳动，它在临终之前蜷缩着，把头塞在它已毫无用处的翅膀之下，以此跟这个世界告别。至此，这个曾经数量最为庞大的鸟类群体宣告灭绝。玛莎的尸体被冷冻，并被送往华盛顿特区的史密森学会。人们终于意识到自己的错误，并颁布了第一部鸟类保护法案：《莱西法案》

　　旅鸽曾在北美广泛分布，外形似野鸽，鸠鸽科，体长30～40厘米，身体呈灰蓝棕色，胸部为棕红色，以浆果和种子为食。

动物灭绝：当一个物种完全灭亡，我们便称该物种灭绝了。

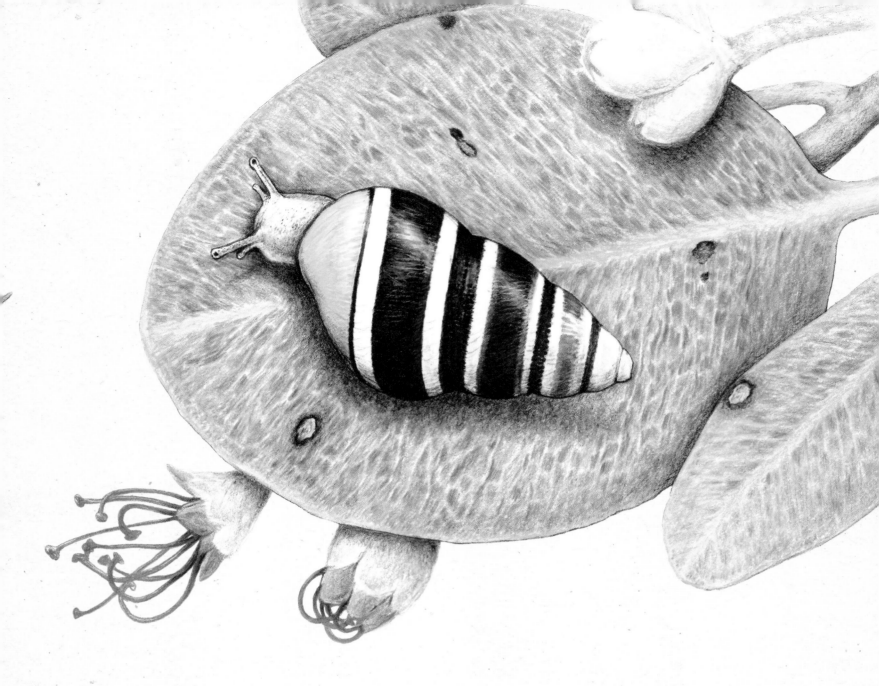

世界上最孤独的蜗牛——乔治

曾经在夏威夷群岛的瓦胡岛上居住着一种当地特有的巨型蜗牛——夏威夷金顶树蜗。它们本在夏威夷群岛上过着与世无争的生活，然而老鼠、玫瑰蜗牛等外来物种的入侵打破了这持续已久的祥和与宁静。

为了保护这些最后的原住民，动物学家们只能把它们带到实验室里饲养，一些小蜗牛便在此诞生了，这其中就包括害羞的乔治。它不喜欢在晚上把脑袋探出壳，也不知道在灌木丛中自由爬行的滋味，更没试过为了美味的树叶而与对手竞争。

然而，一种流行病席卷了实验室，乔治因为躲在壳里而幸免于难，可它的伙伴们就没那么幸运了。

虽然"乔治"这个名字听起来像一位"男性"，但蜗牛本身是雌雄同体的，不过为了繁殖，它们仍需要一位伴侣。遗憾的是动物学家们再也无法找到另一只夏威夷金顶树蜗。最终，乔治于2019年去世。夏威夷金顶树蜗的壳呈黄色、白色、奶油色和棕色相间的螺旋形状，人们喜欢用它的壳来做纪念品。那个时候的人们还没有意识到，即使是一只小小的蜗牛，也在整个生态系统中扮演着重要角色，它们是自然的分解者，还能抑制潮湿的灌木中藻类和菌类的生长。

融入蓝天

——那些离开我们的羽毛精灵们

古巴三色金刚鹦鹉

想必你一定见过传说中站在海盗肩上的红绿色或蓝黄色的金刚鹦鹉。古巴金刚鹦鹉曾因被当成食物而遭到捕杀，虽然它并不好吃；它也曾因为艳丽的羽毛而被当作宠物捕捉。到19世纪末，它彻底消失了。

其他已灭绝的鹦鹉：塞舌尔绿鹦鹉、牛顿鹦鹉、毛里求斯灰鹦鹉、毛里求斯冕鹦鹉、牙买加红鹦鹉。

石南鸡

一种矮小的松鸡，因其生活在长满石南的荒地而得名。头部的羽片像角一般。据说在美国曾被当成感恩节上的经典佳肴。当殖民者们意识到这个物种正在被他们一口一口吃绝时，为时已晚。石南鸡于1932年灭绝，它的灭绝给人类敲响了警钟，也让人类意识到应对濒危物种进行保护。

卡罗来纳长尾鹦鹉

因为喜食种子和水果，卡罗来纳长尾鹦鹉被北美的农民视为害鸟。它们的共情能力和好奇心更加速了它们的灭绝———旦有枪声响起，它们便要过去看看发生了什么。卡罗来纳长尾鹦鹉于20世纪中叶灭绝。

兼嘴垂耳鸦

兼嘴垂耳鸦体长38~50厘米，身着漂亮光滑的黑色羽毛，长有亮橙色的肉坠。雌鸟的喙弯而长，这可以帮助它们寻找藏在树皮里的虫蛹。它们漂亮的尾羽也曾被用来装饰女士的帽子。新西兰的原住民毛利人把兼嘴垂耳鸦羽毛笔视为极珍贵的礼物，并会把它收藏在一个镶着珠宝的盒子里。

拉布拉多鸭

1789年，人们在加拿大拉布拉多海岸的石脊上首次发现拉布拉多鸭。它们于1878年灭绝。雄性拉布拉多鸭最特别的地方在于它的羽毛，翠绿色和乳白色的羽毛分布得错落有致，像极了婚礼上的新郎。它们的羽毛曾被用来制作垫子，人类狩猎和沿海栖息地的变化是导致它们灭绝的主要原因。

研究是为了更好地保护

一些灭绝动物的珍贵遗骸被保存在博物馆里，科学家们将继续研究它们，了解它们的DNA并推测它们灭绝的原因，以便使与其相似的物种免遭灭绝的命运。

大海雀

大海雀体长75~80厘米，体重约5千克，不会飞。外形似企鹅，但实际与企鹅没有任何关系，反而与刀嘴海雀存在血缘关系。它眼睛前方白色斑块的面积会随着季节的交替而变化。它们曾广泛分布于西班牙海岸、加拿大、格陵兰岛及挪威。大海雀最后一次被发现是在1852年。为了安全，它们会将蛋藏在礁石底下，但即便如此，也难逃被渔民们偷走的命运——当地渔民喜欢将它们的蛋做成煎蛋卷。印第安人将大海雀视作一种神圣的图腾动物，但随着印第安人的消失，这种信仰也难保大海雀们的周全。现如今，我们也只能在像《刺客信条》这样的小说或者电子游戏里目睹它们的身影。

动物标本剥制术

一种用化学物质保存动物皮肤的技术，之后再对其进行填充，使动物看起来栩栩如生。过去人类填充的材料有稻草、玉米丝或棉花。如今使用玻璃纤维和泡沫。这个过程与防腐不同，防腐是将整个身体进行化学处理以便保存。

南方巨恐鸟

南方巨恐鸟是曾经生活在新西兰的9种巨型鸵鸟之一，与鸵鸟不同（鸵鸟只是它的远亲）。它们行走时脖子与地面呈水平状态，只是不时会把脖子向上伸直望。南方巨恐鸟十分强壮，它们高3.6米，体重达230千克。与鸵鸟一样，它们也长着长长的脖子和强有力的腿，但它们没有翅膀。

毛利人曾向英国移民者讲述过南方巨恐鸟的故事，但他们不相信这个物种的存在，直到19世纪他们发现了一块不同寻常的骨头。这块骨头被送往英国伦敦，理查德·欧文在历经4年的研究后终于认定：这块骨头的确来自鸟类，并将其定名为恐鸟。

南方巨恐鸟两性异形，雌性比雄性更高、更重，这点和同处新西兰的几维鸟相似。几维鸟因羽毛呈棕色，酷似猕猴桃而得名，正处于濒临灭绝的风险之中。

（注：几维鸟和猕猴桃的英文都是kiwi）

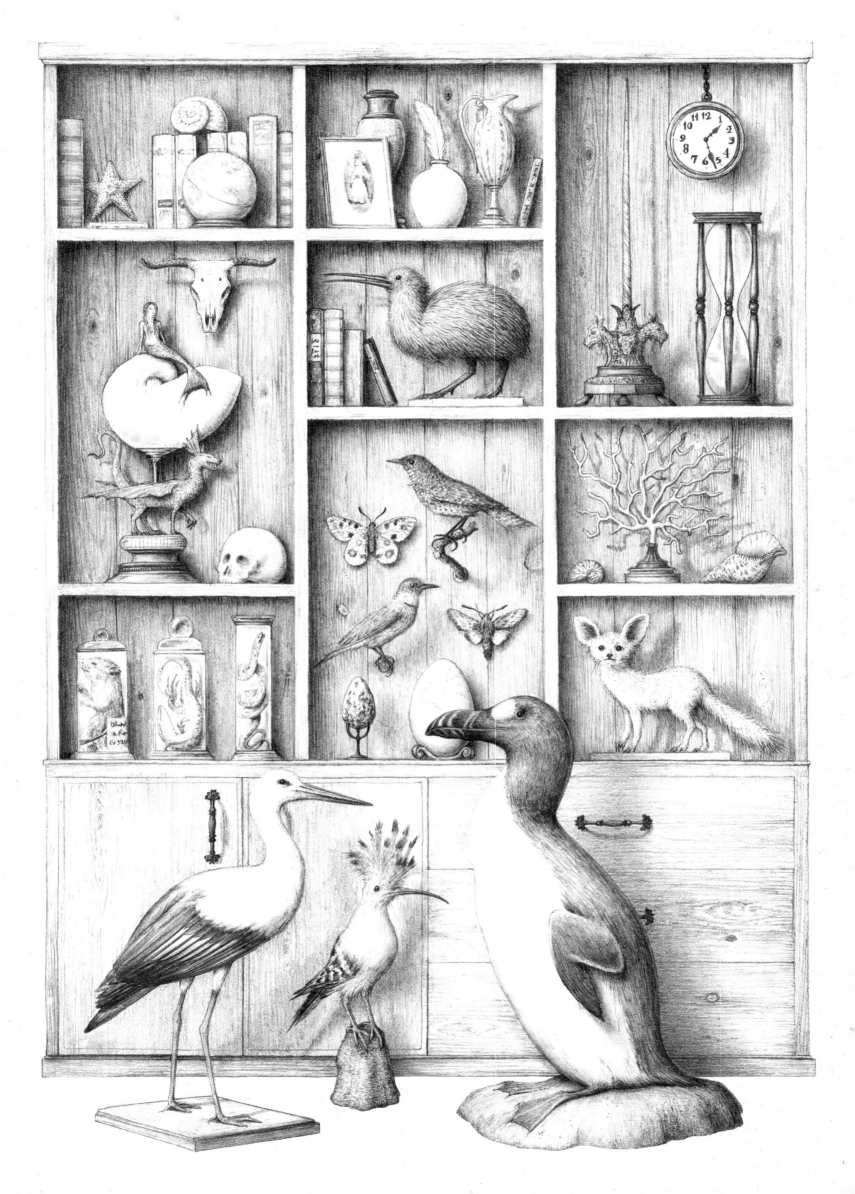

奇珍阁

——一个装满了奇珍异宝的柜子

奇珍阁（源自德语Wunderkammer，意为"神奇的房间"）是博物馆的前身，是一个装满了奇珍异宝的陈列柜。学者和贵族们会将自己的珍奇收藏于此，以使他们尊贵的客人大吃一惊——镀银的贝壳、被雕刻过的珊瑚、假龙和美人鱼、动物标本、被甲醛浸泡过的小怪物、可怕的机器人、被蜡和粉笔涂鸦过的面具、鸵鸟蛋、独角鲸的牙、木乃伊和羽毛斗篷等都曾陈列其中。

奇珍阁最早出现于16世纪和17世纪，这个时期正处于地理发现时期。18世纪，人类开始有条不紊地对这些藏品进行分类、记录和保存，并于19世纪开始向公众开放，随后，第一座博物馆的面世让我们这些后来人也能一览当年的遗迹和古文化的风采。

到了20世纪，博物馆开始被赋予科学、历史、艺术品等一个又一个主题，比起最初只能直观地看之外，今天的博物馆增加了更多的互动性，参观者还可以摸、闻，甚至做实验。

被啃食的动物标本

标本圆皮蠹是一种长2毫米的小虫，它们会在羽毛、鳞片和毛皮中筑巢并啃食动物标本，除虫剂和防虫箱可以对它起到一定的杀灭作用。

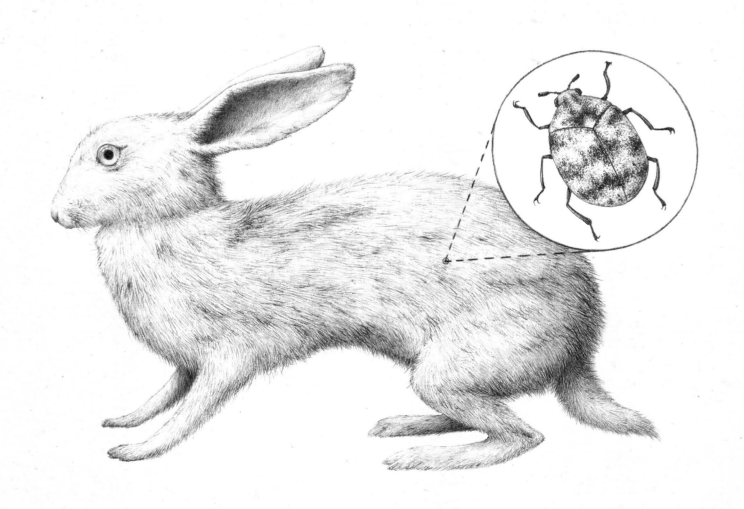

斑驴

原牛

巴巴里狮

大海牛

大角鹿

加勒比
僧海豹

里海虎

博物馆里的动物

加勒比僧海豹

与体长2.5米、体重170～270千克的加勒比僧海豹一起，躺在加勒比海岸一定是一种很不错的经历与体验，可惜这只能是人类的幻想与奢望，因为它们最后一次被发现是在1952年。

加勒比僧海豹全身呈灰棕色，与僧人的长袍颜色类似，但因为它们皮毛里夹杂着海藻，所以看上去更像绿色。行进速度缓慢、好奇心强烈以及缺少对人类的警惕性，注定了它们更容易成为人类猎物的悲惨命运。哥伦布曾在他的航海日记中写道：为了填饱肚子，船员们曾在一天之内最多捕杀过8只加勒比僧海豹。

巴巴里狮

1942年，摩洛哥的阿特拉斯山脉，随着枪声响起，最后一头体长3.5米、体重300千克的巴巴里狮倒在地上，它发出了属于这个物种的最后一声悲鸣。至此，巴巴里狮化作尘土，而我们只能从它的标本中领略其雄壮。

它们的鬃毛比草原雄狮的更黑更厚，这有助于它们在高寒地区生存。它们是除洞狮和美洲狮之外最大的狮子，更是力量与权威的象征。

斑驴

斑驴在当地语中被称为Quagga，因它们的嘶鸣声就是"夸——哈——哈"。实际上，它们是一种长得像马的斑马。关于它们的条纹究竟是深色为主还是浅色为主，说法始终不一。最终，学者莱因霍尔德·劳给出了答案，证实了这是一种视觉错觉现象。19世纪，斑驴因荷兰人和阿非利卡人的捕杀而灭绝。

原牛

原牛可能是所有家牛的祖先，重达800～1000千克，曾遍布欧洲、北非和亚洲平原一带。原牛攻击性极强，以至于在中世纪，能猎杀它们的人被冠以"勇士"的殊荣。尽管如此，它们仍被人类驯化了。最后一只雌性原牛于1627年死于波兰，它的头骨被存放在斯德哥尔摩的皇家军械库中。与原牛最为相似的牛为西班牙斗牛中的穆拉亚种，它们天生好斗。

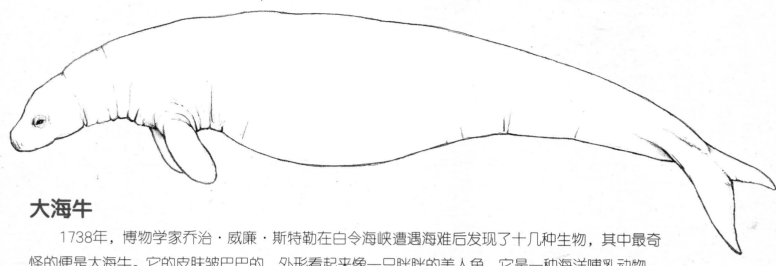

大海牛

　　1738年，博物学家乔治·威廉·斯特勒在白令海峡遭遇海难后发现了十几种生物，其中最奇怪的便是大海牛。它的皮肤皱巴巴的，外形看起来像一只胖胖的美人鱼。它是一种海洋哺乳动物，儒艮是它的近亲。它体长8.8～10米，体重10000千克，因喜食海洋中的"蔬菜"——海藻而曾被称作"食菜兽"。而这个可爱的特点恰恰也成了它们的劣势，饱餐一顿的大海牛并没有注意到正在接近的水手，以至于刚一探出水面就被捕获。在被发现的第二十七年，大海牛就彻底灭绝了。

大角鹿

　　大角鹿（也被称作爱尔兰麋鹿）是真正意义上的巨型鹿，肩高2米，可以跨越3.3米的距离，生活在晚更新世及早全新世的欧亚大陆，也就是258万年至大约9000年之间。大角鹿其实并非麋鹿，史前洞穴里的壁画向我们展示了它的外貌：外形似鹿，有一个小驼峰，类似单峰骆驼。尽管有大量的遗骸在爱尔兰被发现，但其栖息地并非在爱尔兰，因为冰河时代末期海平面下降的缘故，它们才迁徙到了不列颠群岛。

里海虎

　　里海虎体长2米，最重的个体体重可达240千克。在虎中体型位居第三，仅次于西伯利亚虎和孟加拉虎。它善于将自己的身形藏匿于从中国到土耳其沿海的森林中，这为它争取了一定的续命时间，因而直到20世纪80年代才灭绝。大规模的狩猎、栖息地范围的骤减及动物疾病（如口蹄疫和流感）都是导致里海虎灭绝的重要因素。

为人熟知的灭绝动物

它们曾因为难吃而被荷兰人称为"难吃的鸟"，它们的羽毛也不能用来装饰华丽的帽子，那么究竟是何种原因导致它们灭绝的呢？

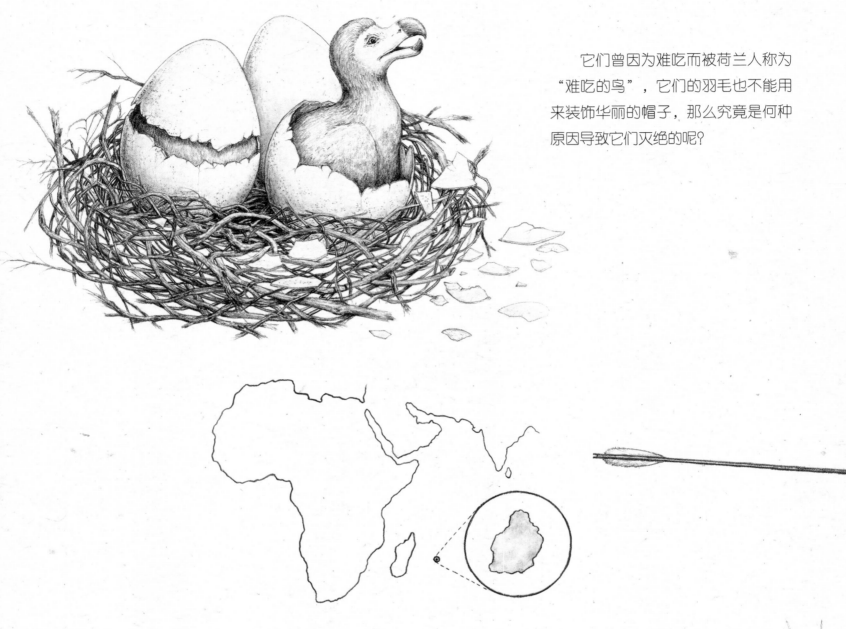

渡渡鸟，鸽形目鸟类，是鸽子的近亲。体长70～90厘米，重达17～28千克，是毛里求斯岛的原住民。因为无须进行长距离的迁徙，它们的翅膀逐渐退化，取而代之的是巨大的喙和强有力的双腿。

想象一下，你是一只渡渡鸟，你正和其他鸟儿一起在神奇又美妙的毛里求斯群岛上漫步。虽然你外表笨拙，又不会飞，但你不必担心天敌的威胁，美味的种子和熟得过头了的浆果正让你大快朵颐。突然，一支箭射中了你。你的尸身被炙烤，成为殖民者的食物。他们带来的不属于这座岛屿的生物（猪、猫、狗等）洗劫了你的蛋。

传说渡渡鸟的灭绝可能是拜葡萄牙和荷兰的殖民者们的猎杀所赐，但现在看来，更可能是外来物种入侵导致。

Raphus Cucullatus
1670 - 1681

曾被通缉过的生命

1983年，美国传媒大亨、CNN创始人泰德·特纳曾悬赏10万美元换取一只活袋狼，可终究未能如愿——袋狼于1986年被正式宣布灭绝。

袋狼

袋狼（又叫塔斯马尼亚虎或塔斯马尼亚狼）的外形看起来更像是未被驯化的狗。它体长1～1.3米，高约60厘米，体重20～25千克。与它们的近亲袋獾一样，袋狼的身上也长有臭腺，在遇到危险时可以散发出臭味逃脱。人类也曾尝试过豢养袋狼，可悲的是，它们的最长寿命只有8年，且始终无繁殖的案例。

1936年9月7日，最后一只袋狼本杰明于塔斯马尼亚岛上的赫芭特动物园去世。此后，澳大利亚将这一天设为国家濒危物种日。

400万至500万年前，整个澳大利亚和伊里安岛都能看到袋狼的身影。但到了3000年前，它们的栖息地缩小到了塔斯马尼亚岛。它们的俗称"塔斯马尼亚虎"是来自它背上的黑色条纹。但实际上它们并不是猫科动物，而是跟袋鼠一样的有袋动物。刚出生的袋狼幼崽的身体机能未发育完全，它们会在母亲的育儿袋中继续发育，之后才能以健全的身姿去探索这个世界。

据澳大利亚的神话传说，袋狼身上的黑色条纹是在大火中救袋鼠、本耶普（传说中澳大利亚的神秘生物）、巨型鸟和鸭嘴兽时被火焰灼伤的痕迹。澳大利亚时有山火发生，植被和动物都受到了严重威胁。

它们还留下了什么

袋狼

我们保存了一些袋狼的皮肤组织、头骨和骨骼的遗骸。牛津大学的教授们经常用此来测试学生们——他们经常会因将其错认为是狗或狐狸的遗骸而挂科。除此之外，我们还保留了一些袋狼生前的照片，比如1930年，威尔夫·巴蒂正骄傲地站在他的猎物——最后一头野生袋狼前。

由于它们的嚎叫声和喘息声，袋狼很容易在野外暴露自己，再加上它们害羞且胆小，就更容易被风吹草动影响。

2016年，在袋狼已经宣布灭绝数年之后，布利斯·查森团队称曾通过一架野外二十四小时摄像机拍摄过一只野生袋狼的影像。2018年，又有一位女士声称她曾在塔斯马尼亚岛的哈茨山脉上看到过两只袋狼幼崽的身影。虽然这些目击证人的证词对袋狼灭绝的事实构成了一定的冲击，但袋狼幸存的可能性依然微乎其微。

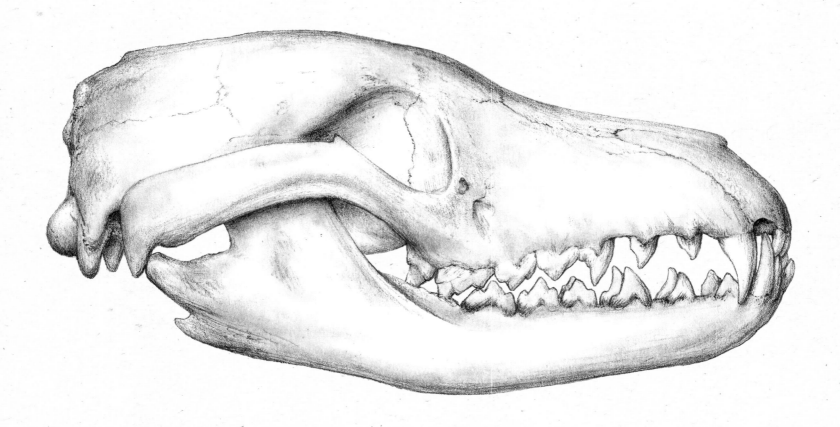

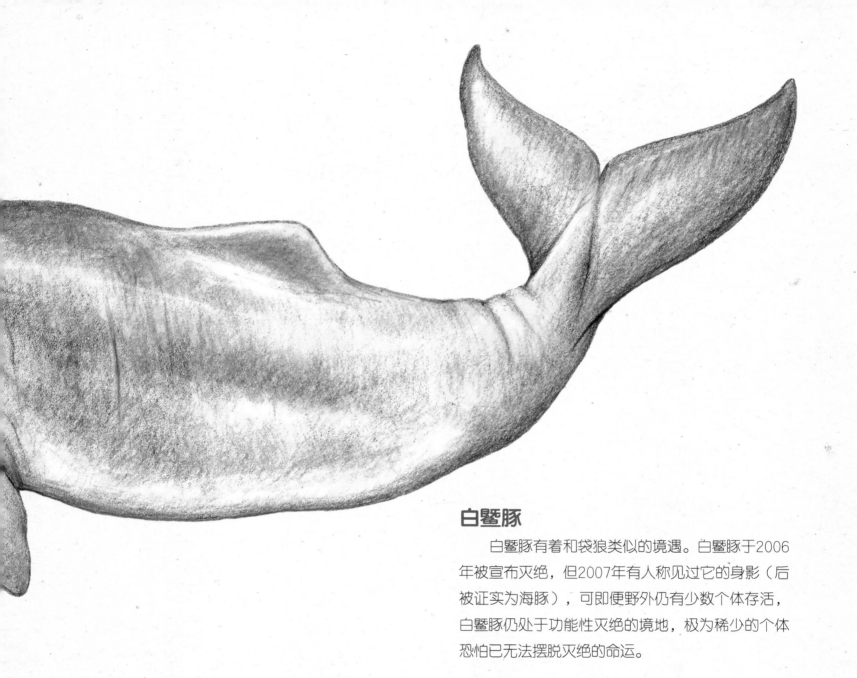

白鱀豚

白鱀豚有着和袋狼类似的境遇。白鱀豚于2006年被宣布灭绝，但2007年有人称见过它的身影（后被证实为海豚），可即便野外仍有少数个体存活，白鱀豚仍处于功能性灭绝的境地，极为稀少的个体恐怕已无法摆脱灭绝的命运。

渡渡鸟

存放在牛津大学博物馆的最后一个渡渡鸟标本因为虫蛀的缘故也被扔掉了，只留下了头和一只爪子。这些仅存的部分还够我们去克隆一只渡渡鸟吗？

好在我们还可以在世界各处看见渡渡鸟的身影，无论是毛里求斯的文章、歌曲、电影、小说甚至游戏，还是啤酒、珠宝和汽车的牌子。它可以是环保组织的象征，也可以是民谣流行乐队的名字。它存在于各个领域与场所，却独独不再是生物链中的一环。

灭绝了，还是没灭绝

——那些再度现身的灭绝动物

星夜花斑蟾蜍

2019年，根据当地官方报道，曾于30年前被宣布灭绝的星夜花斑蟾蜍再次出现。星夜花斑蟾蜍身长5厘米，通体黑色，并有白色斑点点缀。见过它的人都会不由自主地说："哦，天哪！它把星空披在身上了！"据推测，它可能是在哥伦比亚的圣玛尔塔内华达山脉悄悄存活了下来，在那种复杂的环境下，致命的真菌无法入侵。在96种斑足蟾属中，超过80种正处于濒危状态。

尖尾兔袋鼠

尖尾兔袋鼠是一种有袋动物，一条白色条纹从颈部向后延伸，并环绕肩膀，尾巴有刺（实为一种硬甲壳）。尖尾兔袋鼠生性胆小，一旦听到声音，身体便会呈现出僵直状态。它们的幼崽会在育儿袋里度过4个月的时间。尖尾兔袋鼠曾被正式宣布灭绝，但在20世纪70年代初，一家围栏厂商曾在昆士兰州亲眼见到了一大群尖尾兔袋鼠。现在那里已经被改建成国家公园，用以保护生活在那里的1000多只尖尾兔袋鼠。

山袋貂

山袋貂是一种生活在澳大利亚的体型极小、毛发呈肉桂色的有袋动物。它是睡鼠、老鼠和负鼠的集合体，以花粉和花蜜为食，重30～60克。科学家一度以为它自更新世便已经灭绝，但后来它在一个滑雪小屋中再次现身，目前仍处于濒危状态。

侏儒蓝舌蜥蜴

    侏儒蓝舌蜥蜴是澳大利亚特有的蜥蜴。它曾被宣布灭绝，直到1992年，科学家在一条蛇的胃里发现了一只还未被完全消化的侏儒蓝舌蜥蜴。这对它来说是幸运还是不幸呢？我们不敢断言，但对科学家乃至人类来说无疑是极大的喜讯。侏儒蓝舌蜥蜴目前仍处于濒危状态。

越南鼷鹿

    越南鼷鹿也被称为"银背鼷鹿"，是一种偶蹄类动物，体型和兔子一样大。人们普遍认为这种生物已经灭绝几十年了，然而在2019年，一台架设在越南丛林中的红外摄像机拍摄到了它的身影。

名扬四海，还是已成传奇

玛雅人心目中的羽蛇神
——凤尾绿咬鹃（格查尔）

　　凤尾绿咬鹃长有小小的蓝绿色羽冠，头部的绿色羽毛时而泛着金属光泽，胸部呈鲜红色，还有着长达1米的尾羽。它们是世界上最为美丽的鸟类之一。

　　为了保护自己免受天敌的危害，特别是贪于其美丽羽毛的人类，它们将自己藏身于云雾环绕的深山中。它们会栖身于藤本植物、兰花和寄生植物上，吞下颗粒饱满的果子，再将果壳吐出来。

　　比起在山林里见到它的身影，你更容易听见它的悲鸣（它的俗名在西班牙语里有"寡妇"的意思）。玛雅人和阿兹特克人称它为"太阳鸟"，并将它视为羽蛇神的化身。它的羽毛也被当地人用来做一些华丽的头饰。格查尔也是危地马拉货币的名称，它出现在危地马拉的所有货币上。

　　现如今，为了扩大咖啡种植园，人们大量砍伐森林，凤尾绿咬鹃的生存空间越来越小。

尤利西斯的古代海妖——美洲角雕

　　美洲角雕是世界上最大、最强的猛禽之一，它体长1米，翼展最大可达2米，重达10千克，爪子非常有力量。美洲角雕两性异形，雄性的体型要比雌性小。目前人工饲养的最重的美洲角雕可达到15千克，这样的体重放在野外是非常罕见的。美洲角雕的肚皮呈白色，翅膀呈黑色，还长有带条纹的尾巴和腿，珍珠灰色的羽冠会在自身或幼崽受到威胁时张开。

　　在神话传说中，美洲角雕是人面兽身——海妖塞壬的化身。它们会用歌声魅惑尤利西斯，尤利西斯将自己绑在船桅杆上才得以脱险。古希腊人也相信，美洲角雕如同神话传说中的那样，会绑架孩子。

　　印第安人也将美洲角雕视作神秘的存在，所以他们会寻找雏鸟，能养育雏鸟的人才能被视为真正的首领。美洲角雕会在墨西哥和阿根廷北部之间的热带森林中选择最高的树筑巢。它们会从那里俯冲下来，自如地穿过藤蔓和树枝，捕捉南美浣熊、树懒和蛇等猎物。人类对雨林的开垦及砍伐对它们的生存条件造成了极大的威胁，因为它们与很多物种一样，需要非常大的狩猎区域。

灭绝的归因

之前

大角鹿的例子

在更新世时期，森林里生存着很多体型巨大的动物，但是后来，这些大型动物的数量骤减，直至消失。大角鹿和猛犸象便是典型的代表。

随着更新世时期地球气候的急剧变化，它们的活动范围只能从大陆不断缩小到半岛甚至岛屿，体型也演变得越来越小，这种巨大鹿角与小小身体所造成的不平衡是否也加速了它们的灭绝呢？史蒂芬·杰伊·古尔德否定了这个观点。他认为它们巨大的鹿角不会在行进过程中被树枝卡住，也不会对它们吸引异性造成影响，气候变化所带来的食物短缺才是它们灭绝的元凶。

除此之外，最初的土著人是有节制地猎杀它们所需要的猎物，可到了16世纪的大航海时期，殖民者们却开始了漫无目的的大规模烧杀抢掠，这加速了它们的灭绝。比起看着它们活灵活现的样子，探险家和科学家们想方设法地想把它们搬进自己的博物馆里，他们笃定生命无法永生，但尸体能永存。失去良知的研究只会适得其反：灭绝比保护变得更加容易。

目前，科学家已经对超过200万种地球上的动植物进行了分类，但还有一些生物仍须被识别。可是留给它们的时间不多了，因为每年都有超过3万种生物消失，还有超过100多万种生物正处于灭绝的边缘。

现在

砍伐森林

砍伐森林和开垦农田会对生活在森林里的生物带来极大影响，它们还没有准备好面对这种生活环境的巨变。

狩猎

过去，人们将狩猎视作一种娱乐活动，并将死去的动物的皮毛制成衣服或饰品，偶尔还会大规模捕杀有害动物。如今，捕猎虽受到法律的约束和管制，可偷猎者依然十分猖狂。

殖民地

随着人口基数的增长，动植物的生活环境正逐步受到威胁。

剥皮

每年有1500万只野生动物因为毛皮而被杀害。仅仅为了制成一件毛皮大衣就需要杀掉24只狐狸。

污染

农药和化学制品污染了森林和田野，工业废水流入了河流，塑料被排入海洋，最终进入野生动物的胃。

收藏家

大约5500种受保护动物被非法出售给私人动物园、收藏家甚至是马戏团；它们大多数来自非洲、亚洲和南美，很多动物还未等到达目的地，便死在了途中。

珍馐

许多濒临灭绝的动物被视为美味佳肴，最终被送上餐桌，比如猴脑、穿山甲及燕窝。

治疗

许多动物濒危的原因是一些人毫无根据地相信它们身体的某些部位有驱除邪魔和治病的能力，其中包括老虎和犀牛。

捕捞

用渔网捕鱼的同时还可以捕获许多不同的物种，即便很多甚至无法食用，但捕鱼人也不想将它们放归大海。

火灾

许多火灾是由人为引起或由全球变暖导致的。如澳大利亚那样的山火在世界各地时有发生，让很多濒危动物的数量变得更加稀少。

挪亚方舟中的濒危生命

官方动物保护组织

世界自然保护联盟（IUCN），位于保护自然环境与物种多样性的前列，宛如拯救动物于洪水中的挪亚。

《濒危野生动植物种国际贸易公约》：物种贸易究竟要猖獗到何时？

《濒危野生动植物种国际贸易公约》商定于1973年，致力于管制野生动物的非法国际贸易。被藏匿于手提箱中的变色龙、贝壳和穿山甲，还有偷渡过境的卡车中的猴子，都是非法贸易的常客。虽然政府和边境警察已对此加大打击力度，但非法贸易仍屡禁不止。而且超过一半的动物死于途中。

《世界自然保护联盟濒危物种红色名录》

在来自世界各地的环保组织、专家和志愿者的帮助下，《世界自然保护联盟濒危物种红色名录》每年都会更新。濒危等级被分为：灭绝（EX）、野外灭绝（EW）、极危（CR）、濒危（EN）、易危（VU）、近危（NT）、无危（LC）、数据缺乏（DD）及未予评估（NE）。目前已有超过13万种生物被统计进名录中，计划是达到16万种。有超过4万种生物的生命受到威胁（处于CR、EN、VU和NT中）。这是目前为止最为完整的动植物物种名录。

风险排名

哺乳动物中，有27%正处于濒危状态，其中之一便是鬃毛三趾树懒。它们游泳技术纯熟，但行进速度缓慢，它们的存在对很多动物有益，飞蛾、螨虫、蜱虫，甚至海藻都可以在它们乱糟糟的绒毛里找到自己所需的食物。

位列排名之首的是爪哇犀，与它们的近亲印度犀类似，皮肤都长着褶皱，但是体型更小，体长仅2～3米。目前仅分布于印度尼西亚的爪哇岛南部。

苏门答腊犀也未能幸免，遗憾的是，目前为止，我们未能掌握有关它们的确切数据。它们的角因能入药而遭到大量捕杀，一只犀牛角的价值就高达几千美元。

在13%的濒危鸟类中，中美洲号声鹪鹩便是其一，因为栖息地减少，目前处于易危状态。

处于濒危状态的两栖动物占比最高，达41%。受威胁最大的非曼特蛙莫属，它们是马达加斯加独有的蛙类。

有21%的爬行动物处于濒危状态，其中变色龙居多。濒危鱼类为14%，无脊椎动物为26%。虽然还有很多新生物种等待我们去研究，但我们必须承认，也有很多物种还未被我们了解清楚就面临着随时可能灭绝的威胁，如淡水腹足纲软体动物——澳大利亚淡水帽贝。

鬃毛三趾树懒

爪哇犀

谁才是真正的幕后真凶

关于狼，我们有着说不完的故事

狼曾遍布于北美和欧亚大陆。它的体长可达1.8米，高0.9米，重35～50千克。毛色有灰白（北极狼）、红色（红狼）、黑色（加拿大狼）等。目前，狼有11个亚种，其中还包括我们熟悉的狗。

狼的族群通常由5～10匹组成。它们一直遭到人类的猎杀，人们曾试图用陷阱、毒药甚至猎枪来消灭它们。牧羊人将狼视作天敌，猎人将狼视为对手，而童话故事则把狼描绘成吃小孩儿的大坏蛋。

狼主要以野生动物为食，偶尔也吃水果和蔬菜（它们非常喜欢甜瓜）。它们也不介意垃圾，所以会在城市里觅食。狼很害羞，几乎不会主动攻击人类。

如今，由于公园的建立、保护项目的开展、一些国家对狼群重新引入计划的实施，以及政府对少数被狼叼走的羊给予的补偿，狼已经开始在许多地区重新繁衍生息。

尽管狼仍难逃被捕杀、毒害或是被车撞死的噩运，但IUCN已将狼列为无危。

灰狼

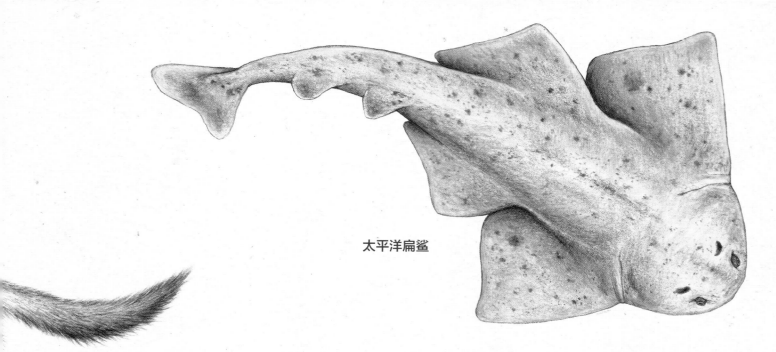

太平洋扁鲨

鲨鱼

每年约有1亿条鲨鱼被捕杀，它们或是被做成鱼油，或是被用来煲汤，又或是作为某种成人礼的献祭。

世界上有472种鲨鱼，其中有三分之一濒临灭绝，尤其是太平洋扁鲨和剑吻鲨。就连我们较为熟知的海中霸主噬人鲨（又名大白鲨）也处于易危状态。目前一些东南亚国家已禁止捕捞性情温驯的巨鲨——鲸鲨。

熊

棕熊在史前就因被认为捕食牛而遭到人类的捕杀。它们是地球上已知的最大的陆生杂食动物，主要以水果甚至青草为食。

18世纪以来，随着城市化的发展，熊只剩下两种处境：退居至人迹罕至之地或进居城市，靠食垃圾为生。不幸的是，那些进居城市的熊往往因被视作危胁而遭到捕杀。

在意大利，一只名叫巴比龙的熊曾因三次幸免于难而闻名于世。而母熊阿玛蕾娜也时常被目睹带着熊宝宝漫步于意大利中部的一个小城。

如今，人类已相继为这些大型跖行动物设立了自然保护区，比如美国的黄石公园和意大利阿布鲁佐国家公园，包括马西干棕熊在内的极度濒危的动物们终于有了自己的避难所。

北极熊正因北极地区冰川融化而濒临灭绝。栖息地消失，随之而来的是猎物的减少，进而导致了北极熊繁殖数量进一步下降。北极熊虽然通体白色，但是皮肤却为黑色。

濒危的熊科动物还包括：黑熊、美洲黑熊的一部分亚种、马来熊、懒熊、眼镜熊及大熊猫。

棕熊

熊猫和虎
——极具代表性的濒危动物

大熊猫

　　大熊猫是极具代表性的濒危动物之一，以至于博物学家彼得·斯科特将其选作世界自然基金会（WWF）的标识。WWF创立于1961年，致力于环境保护。

　　1869年，探险家阿曼德·戴维将熊猫的皮和骨骼带入巴黎自然历史博物馆，欧洲人才第一次认识到熊猫的存在。第一个对大熊猫展开研究的博物学家阿方索·米勒·爱德华将其归属至熊科，后来，他发现大熊猫与浣熊，尤其是小熊猫更为相近，于是便创立了一个特殊的属：大熊猫属。它们的爪子很特殊，长有拇指，以便于它们抓住竹子。

　　由于竹林的消失，它们处于易危状态。人工饲养的大熊猫很难繁殖。目前最大的大熊猫自然保护区位于中国四川省卧龙自然保护区。

大熊猫

目前我们耳熟能详且分布范围最广的虎是孟加拉虎，不过不为人知的是包含孟加拉虎在内的其他虎的亚种正濒临灭绝。其中包括现存最大的猫科动物——西伯利亚虎（它们会在冬季换上浅色的皮毛）、体型稍小但极为健壮的华南虎，以及身形小巧的苏门答腊虎。而爪哇虎、巴厘虎和里海虎已经相继灭绝了。

或许某一天，印支虎会被人类拯救。它体长可达3米，是游泳和跳高能手，力大无穷，能击倒一头水牛。它的学名源自英国自然学家吉姆·科贝特。他曾是一位猎人，在改邪归正成为环保主义者之前猎杀过大量动物。

孟加拉虎

虎

19世纪之前，虎的活动范围西起里海至土耳其之间，遍布包括印度尼西亚在内的整个亚洲。20世纪初，光是印度就有4万只虎。

随着传统药物的使用、栖息地被破坏、人类定居以及森林的砍伐，如今，虎仅剩下约2550只，分布于13个国家。

捕杀始终是导致它们数量骤减的首要因素，人们或是贪图于它的毛皮，或是惧怕它对牲畜的威胁，从而捕杀它们。

苏尔古贾（印度中部）的王公曾鼓吹自己杀过1000多只虎。

奇特的外表恐难逃厄运

马达加斯加的精灵——指猴

指猴是一种树栖动物，和松鼠一样；它的尾巴比身体还长，与睡鼠类似；它的牙齿一生都在生长，同老鼠一样；它还有着长长的耳朵，看起来又像蝙蝠一样，但是它不会飞。这些元素拼凑在一起，听起来奇异又神秘。

指猴是狐猴的一种，体长30~38厘米，通体呈黑褐色，颈部有一道白圈。德国科学家布鲁诺·施赖伯在18世纪发现了这种狐猴，英国博物学家理查德·欧文爵士在19世纪证实了这一发现，并坚称这种生物已经灭绝。1957年，法国博物学家彼得再次发现了这种狐猴。

如今，它们仍处于濒危状态。

由于它们恶魔般的眼睛、骨瘦如柴的手指（尤其中间那根又异常长），再加上夜行习惯，致使马达加斯加的土著一直将它视作危险的存在，他们一般不会去招惹它。但萨卡拉瓦部落例外，因为他们坚信这种生物会在人类熟睡的时候刺穿他们的心脏。目前认为最有可能使指猴处于濒危状态的原因是人类对雨林的破坏。

指猴是指猴科里现存的唯一生物，它们的近亲巨狐猴已经灭绝。

指猴会将中指用作竹签插虫子和水果吃。它的大眼睛在黑暗中转动得更快。它是一种极富好奇心且友善的动物，如果遇到你，它会凑上来闻你。

永远也长不大的娃娃——墨西哥钝口螈

墨西哥钝口螈看上去就像是从动画片里走出来的，但它的的确确是一种真实存在的两栖动物。它是一种稚态的墨西哥蝾螈，换句话说，它在成年之后依然能保持幼年形态的特征。

它在幼年的时候属于水生动物，不需要进食太多。当它开始进食肉类，它的变态过程就开始了——它会转变成陆生动物，而且总会非常饥饿。

墨西哥钝口螈的寿命最多可达15年，分布在墨西哥城周围的湖泊中。随着栖息地的减少、环境污染以及人类对外来物种（如鲈鱼及罗非鱼）的引进，墨西哥钝口螈的数量骤减。它体长15～35厘米，头虽然又大又圆，但眼睛很小，似珍珠般明亮，还长有类似珊瑚的鳃。为了汲取氧气，它会在水中不断游动。墨西哥钝口螈的皮肤通常是带有金色小点的棕色，但也有的是金色、灰色或带有金色和橄榄色点状的黑色，甚至还有淡粉色皮肤的白化变种。

它的小脸看上去像在笑，然后"啪"地一下，快速出击，捕捉猎物。贝类、昆虫、蠕虫和小鱼都能被它一口吞下。

墨西哥钝口螈的爪子、器官和部分大脑具有再生性，这涉及干细胞范畴，也是如今人类医学研究的热门课题。

装甲类哺乳动物——穿山甲

穿山甲有着极为可爱的外表，是蚂蚁的天敌，每天可以吃200～300克蚂蚁，能轻松做到这些都要归功于它那和身体一样长的具有黏性的舌头。它是目前唯一一种身上被近万片鳞片包裹着的哺乳动物，可这些本来用于保护它的鳞片却也成了禁锢它的枷锁：它是所有保护动物中受走私威胁最大的物种。受到威胁时，它会缩成一团，这样，把它藏在行李箱里就成了一件容易的事。它虽然长有装甲，却没有牙齿，性情也温和，最多只能蜷在人的手臂上，用鳞片挠挠人而已。2015年，中国海关发现了约3000具冷冻的穿山甲遗体，不出意外的话，这些遗体会被运往黑市。目前，穿山甲被列为高危物种。它们生活在亚洲和非洲撒哈拉沙漠以南的热带地区。它在马来西亚语中意为卷曲的生物。它的眼睛很小，视力也很差，因此它进化出了敏锐的嗅觉，可以找到蚂蚁和白蚁的巢穴，再用它的指甲挖出来享受美味。穿山甲有8个物种，其中包括大穿山甲。大穿山甲体长约2米，体重35千克，分布于非洲。

为了生存，它们想尽办法与众不同

伊奥利亚壁虎

伊奥利亚壁虎体长25厘米，雌性通体灰色，喜食昆虫和植物，每胎产4～8枚卵。它们在夏季变得活跃，喜欢懒洋洋地趴在岩石上，或者躲在树木的枝叶里。伊奥利亚壁虎已被世界自然基金会提名为意大利濒危物种大使，它们只分布在西西里岛北侧的伊奥利亚群岛上。如今，它们的生存环境正因污染而受到威胁。

即便是最小的、看似最不起眼的动物，也对地球的生态环境起着重要的作用，在生物链中扮演着不可或缺的角色。它们一旦灭绝，所带来的影响是我们无法估量的。地球上的任何一种生物都有它存在的意义，那些令人讨厌的、外表丑陋的或者可怖的生物也是如此，物种多样性是地球赋予我们最大的财富。

伊奥利亚壁虎 ♀

两栖动物

有两栖动物出现的地方意味着那个地方还没有遭到污染。污染是蟾蜍和蝾螈等两栖动物灭绝的原因之一，比如巨山穴蝾螈和蒙特阿尔博洞蝾螈就正在撒丁岛的一个狭小地区勉强抵御着灭绝的威胁。

♂ 伊奥利亚壁虎

离开撒丁岛的山区，让我们放眼印度的西高止山脉，去寻找现在已经几乎无法找到的紫蛙。这是另一种两栖动物，它胖乎乎、黏糊糊的，有可能已经灭绝了。

紫蛙

蝙蝠

　　人们总是害怕蝙蝠会缠住自己的头发。但事实并非如此，蝙蝠是对人类非常有益的食虫动物，它们可以帮助人类消灭害虫。世界上约有1400种蝙蝠，其中约50种处于易危状态，比如凹脸蝠，这是一种体重仅有2克重的哺乳动物，藏身于泰国和缅甸的洞穴中。对它们的存在造成最大威胁的是矿工和游客。他们不断到蝙蝠的栖息地去打扰它们的生活，仅仅是为了亲眼观赏这种目前世界上最小的哺乳动物。与之体型形成强烈对比的是鬃毛

利齿狐蝠，这是一种巨大的食果蝙蝠，翼展可达1.7米，但即便它如此巨大，它的生存环境也因为植被和森林的破坏而受到威胁。

凹脸蝠

蛇

　　尽管在我们看来蟒蛇非常巨大，有的体长可达8米，甚至可以捕杀体型更大的猎物，但生活在安第列斯群岛的波多黎各蚺和牙买加虹蚺并不像我们想象的那样，它们可能连自己的皮都保护不了。前者的皮被用来制作鞋、包和皮带，而后者则是奇异动物市场上的抢手货，原本食物链顶端的它们却被外来物种獴和猪当成食物。

　　世界上最稀有的蛇是圣卢西亚赛蛇，这种蛇无毒，身长不到1米。加勒比海的圣卢西亚岛是圣卢西亚赛蛇唯一的自然栖息地。起初，人类为了赶走金矛头蝮引进獴，但怎料圣卢西亚赛蛇也成了它们的食物。

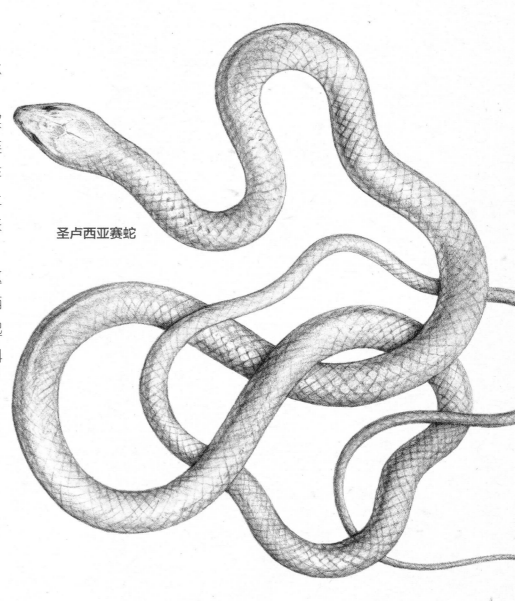

圣卢西亚赛蛇

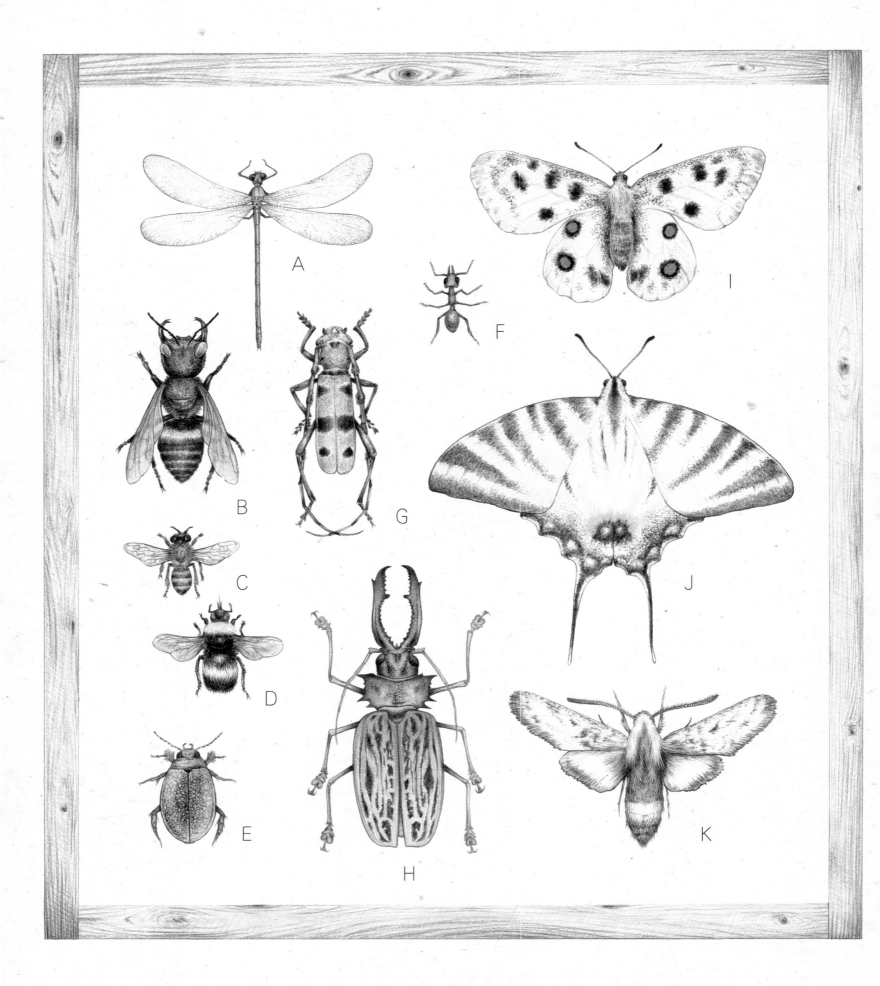

A.叙利亚豆娘

B.华莱士巨蜂

C.欧洲蜜蜂

D.科洛奇大黄蜂

E.大龙虱

F.恐龙蚁

G.蔷薇天牛

H.长角甲虫

I.阿波罗绢蝶

J.旖凤蝶

K.斯芬克斯蛾

昆虫
——奇妙的动物

有人预言：世界最终会被虫子入侵，那时它们会成为世界之王，因为它们是唯一能抵御污染的物种。但事实果真如此吗？对于甲虫、苍蝇、臭虫这些生命力顽强的入侵性昆虫而言，事实的确如此。但是你相信吗？昆虫消失的速度是脊椎动物的8倍。据估计，很快就会有几乎一半的昆虫被列入《世界自然保护联盟濒危物种红色名录》。

阿波罗绢蝶就是悲惨遭遇的经历者，砍伐森林导致栖息地被破坏、物种的入侵及气候变化使它成为最早被列入《濒临野生动植物种国际贸易公约》的昆虫。蚂蚁的处境也没有好到哪里去，特别是大眼响蚁和红褐林蚁，它们是技艺高超的建筑师，能用松针筑起巨大的巢穴，还是歼灭害虫的主要力量。

就西方蜜蜂而言，除了杀虫剂之外，螨虫、病毒、细菌和真菌也对它们的生存造成了威胁。

自然界中还有多少只荷马凤蝶我们无从知晓，但收藏家的陈列柜里肯定不会缺少它的标本，这些收藏家无视法律，不惜花高价从走私犯手中购买它们，仅仅是为了能让它们在自己的家中一隅永远绽放。

荷马凤蝶

蝴蝶和飞蛾等鳞翅目昆虫的减少在告诉我们一个事实：环境污染已经越来越严重。荷马凤蝶是一种大型蝴蝶，翼展14厘米，它曾广泛分布于牙买加各地，但随着人类对森林的开发，它们不得不为木材和棕榈油的生产而让步。这使它们原本的大家族被拆分成一个又一个的小群体，然后渐渐消失于尘世间。

黑脉金斑蝶是最有名的迁徙性蝴蝶，但是为什么数以百万的黑脉金斑蝶会从加拿大南迁至美国呢？费雷德·厄克特解开了这个谜题，他在它们的身上贴了一些显眼的标志，然后开始了长达39年的追踪。最终，在众多科学家和昆虫志愿者的通力协助下，他们在墨西哥米却肯州的松树林中发现了一个隐秘的山谷。这是黑脉金斑蝶冬季的藏身之地。它们需要一个合适的温度，既能保证不被冻死，也可以保证它们进入冬眠状态，而满足这种条件的区域只有这里。但是随着人类对冷杉林的砍伐，黑脉金斑蝶赖以冬眠的地域范围也越来越小。

黑脉金斑蝶

淡水豚、海豚及其他

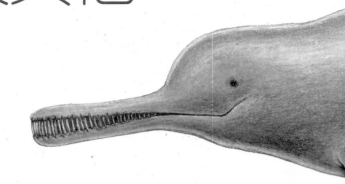

生活在圣河中的"海豚"

　　抽取河水灌溉庄稼、被化肥污染的水流回河流，这些导致恒河豚和印度河豚只能在印度、巴基斯坦和孟加拉国之间勉强生存。

　　这些河豚长有尖尖的喙和锋利的牙齿，它们的视力非常之差，因此它们靠超声波来判断猎物的位置并将其捕杀，两性异形显示在雌河豚的嘴喙会一直生长。目前这些河豚的数量约为1000头，但值得庆幸的是巴基斯坦在两个水坝之间为这些河豚建立了一个保护区，听闻最近也有一些小河豚出生。

亚马孙河豚

亚马孙河豚

　　亚马孙河豚的皮肤一般情况下是灰白色的，但有些个体会因为血管的缘故呈现出粉色。它们生活在南美洲的河流中，不过雨季也可能因为洪水而出现在被淹没的森林里。它的前额看起来像个小盒子一样，伸缩自如。亚马孙的原住民一直很尊敬它们，传说亚马孙河豚是一个小男孩儿，他会在白天用帽子遮住头上的吹气孔，在夜晚又变回河豚的样子。亚马孙河豚的脑容量比人类要大40%，偷猎者会利用它们善于交际的性格来捕杀它们。为保护它们而建立的保护区（尤其是在秘鲁）也取得了一些不错的成绩。不过亚马孙河豚无法人工繁殖。

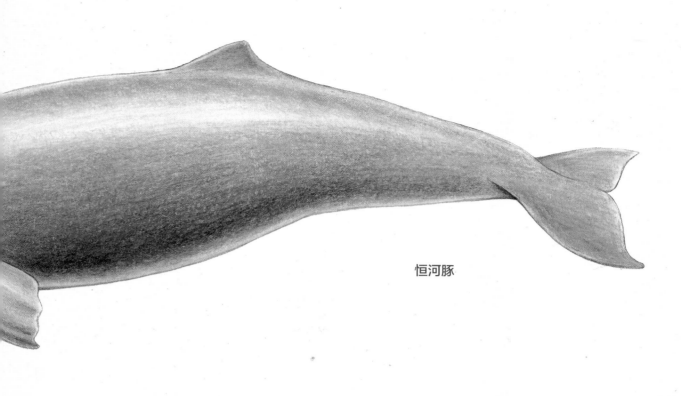

恒河豚

加湾鼠海豚：自带脸部彩绘的鲸目动物

加湾鼠海豚体长1.3~1.5米，体重35~50千克，是一种与海豚相似的鼠海豚。加湾鼠海豚在西班牙语中是小奶牛的意思，它眼睛周围的黑环和嘴唇上的斑点使它看起来像化了妆。

加湾鼠海豚生活在墨西哥和加利福尼亚低洼、黑暗的环礁湖水域。它们用头上的吹气孔呼吸，会发出令人难以察觉的喘气声。它们个性极为害羞，以低洼水域常见的鱼类为食。但只要有机会，它们也会捕杀鱿鱼。

加湾鼠海豚正处于灭绝的边缘，因为人类对加利福尼亚湾石首鱼（一种大型鱼类，鱼鳔可食用）的捕捞致使加湾鼠海豚也被落下的渔网缠住而无法浮出水面呼吸。加湾鼠海豚目前只剩下约30只。《世界自然保护联盟濒危物种红色名录》中，加湾鼠海豚和加利福尼亚湾石首鱼都处于极危状态。

加湾鼠海豚

大型海洋哺乳动物
面临的巨大困境

蚍蜉能撼树，小小的磷虾也能对海洋哺乳动物的存在产生巨大的影响。磷虾是鳕鱼和鲸的主要食物，而如今磷虾却作为集约化养殖场的饲料被捕捞，集约化养殖场又是地球上的主要污染源之一。

数万吨有害物质和工业废料被倾倒进大海，一边是一座又一座新出现的巨大塑料岛；而另一边，珊瑚礁却一座又一座相继消失……

僧海豹

荷马在《奥德赛》中曾这样描写过地中海僧海豹：数量庞大，挤在一起，躺在沙滩上，还带着一点儿海洋的腥臭味。如今，随着它们被发现的次数越来越多，我们可以推测它们的数量有了一定的增长，但人们对鱼类的过度捕捞、渔网甚至是摩托艇事故都让它们的未来堪忧。一部分地中海僧海豹甚至只能藏身于希腊、地中海和克罗地亚与世隔绝的海滩和洞穴中。在意大利也有一部分存在，意大利人称它们为"海牛"。

珊瑚

珊瑚是由小珊瑚虫组成的群体，它们建造了一个由碳酸钙构成的结构，以支撑和保护自己。久而久之，就会形成像澳大利亚著名的大堡礁那样的屏障。但全球水温升高打破了珊瑚虫与一种微型藻类——虫黄藻（一种通过光合作用为珊瑚提供养分的藻类）之间的共生关系：水温上升2℃就足以使珊瑚失去所需的养分，33%的珊瑚礁正面临着毁灭的危险。

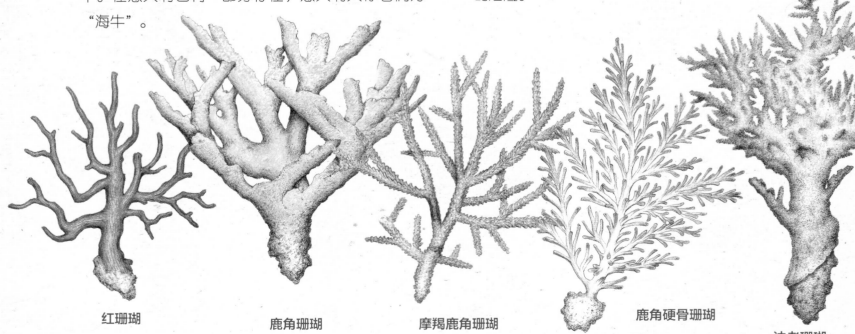

红珊瑚　　　　鹿角珊瑚　　　　摩羯鹿角珊瑚　　　　鹿角硬骨珊瑚

法老珊瑚

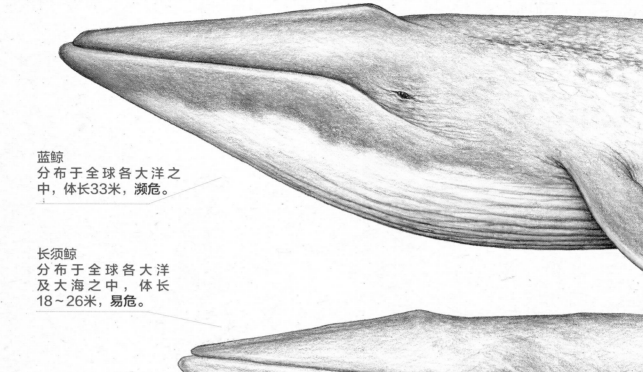

蓝鲸
分布于全球各大洋之
中，体长33米，濒危。

长须鲸
分布于全球各大洋
及大海之中，体长
18～26米，易危。

危机中的庞然大物

自公元前6000年起，人类就为了获取油脂而捕杀鲸。过去，捕鲸船还使用鱼叉捕鲸，如今直接使用炸药。从1986年开始，法律开始要求当地居民只能出于食用目的而捕鲸，但许多国家却仍允许商业捕鲸。

乍看之下抹香鲸的情况似乎有所好转，殊不知它们却由另一种原因而被捕杀，人类贪恋它们所拥有的可以用来制作香水的原料——龙涎香。

西印度海牛、亚马孙海牛和西非海牛都属于海牛目，海牛是一种慢吞吞、温驯的草食性海洋哺乳动物。你可以想象一头长达3米的牛，蹄在进化的过程中变成了鳍，这就是海牛的样子。它们很容易被捕捉到，可以食用，每两年才繁殖一次，而且经常被尼龙网缠住。古时，人们把它们当作美人鱼或海怪。

塞鲸
分布深海和温带海
域，体长17～20米，
濒危。

弓头鲸
分布于北冰洋海域，
体长最大可达20米，
无危。

北黑露脊鲸
分布于北大西洋海
域，体长16～18米，
极危。

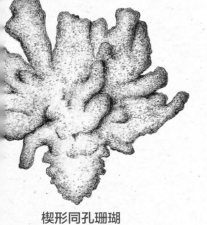

楔形同孔珊瑚

本土物种危在旦夕，
外来物种肆意猖獗

红海龟

生活在中生代的大型爬行动物保留了它们祖先的一些特征：符合流体力学的外形（这能使它们快如闪电），结实的鳍（这使它们成为游泳健将），大而平、似螺旋桨般的后腿（为它们提供动力），长有可伸缩的喙的头（好似潜艇的潜望镜）和外壳（保护它们不被轻易伤害）。

雌海龟通常独自生活，只有在海滩上筑巢时才会聚在一起，之后，它们又会回归海洋。许多海龟蛋可能因为受精失败而无法孵化，还有一些会被掠食者洗劫，小海龟们必须在受到海鸟的袭击之前进入海洋。

对海龟的食用、对龟壳及龟皮的雕琢和贸易，被渔网缠住及误食塑料垃圾，都是导致这些曾在地球生存了7000万年的生灵走向灭绝的原因。它们躲得过比自己大几十倍的恐龙，却躲不过小小的人类。

在《世界自然保护联盟濒危物种红色名录》中，我们能找到红海龟、绿海龟、玳瑁、肯氏丽龟和太平洋丽龟，棱皮龟也不例外——这是一种体长2米的巨型海龟。

棱皮龟

外来物种

威胁往往来自外来物种，即人类引进的物种，它们驱赶甚至彻底摧毁了本土物种。这就是弗雷里安纳岛象龟的真实遭遇，由于狗、猫、老鼠、山羊，甚至包括人类自己这些外来物种的到来，弗雷里安纳岛象龟的栖息地受到了严重破坏，这直接导致它们灭绝。

来自美国的彩龟（巴西龟便是彩龟属的成员之一）也时常被当作宠物出售，但它们体型很大，难以在家中饲养，它们会咬出现在周遭的任何东西，包括主人的手指。因此，它们经常被遗弃在河流或池塘中，然后在那里称霸一方，杀死相对弱小的动物，比如欧洲泽龟。

欧洲泽龟

美国彩龟

世界各国为了保护海龟采取了很多措施，比如设立海龟医院或者进行人工饲养繁殖，但海龟在水族馆等人工环境下繁殖的可能性很小。

猪鼻龟

龟中最奇特也最受威胁的是澳大利亚的物种，如隐龟，因其头部长有一簇绿色海藻，又被称为"朋克龟"；还有猪鼻龟，它有一个可以在水下呼吸的鼻子。

生活在大洋洲的树袋熊和它的朋友们

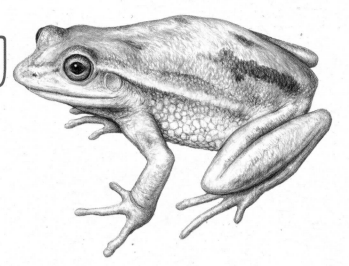

澳大利亚生活着一群非比寻常的动物。也仅限于这里，我们才能看见针鼹鼠和鸭嘴兽——这是两种会产卵的哺乳动物。还有处于易危状态的绿纹树蛙，它们在发起攻击时会发出如摩托车一般的声音。为了不破坏它们的栖息地，当地政府特意将为悉尼奥运会设计的场馆迁至别处。

树袋熊

糟糕的是，由全球变暖导致的持续数月的山火烧毁了大片树袋熊的栖息地，树袋熊也会随着桉树被烧毁而受到很大的影响。树袋熊是有袋类哺乳动物，曾因其柔软的皮毛而几乎被捕杀殆尽，它们的皮毛也因食用桉树而散发着与桉树相同的味道。

昆士兰毛吻袋熊

昆士兰毛吻袋熊也是一种濒危有袋类动物。在澳大利亚发生山火时，昆士兰毛吻袋熊会大度地让其他动物进入自己的避难所中，但是如果有掠食者闯入，昆士兰毛吻袋熊就会转过屁股，发射"弹药"把它们赶走。由于它们特殊的肠道，它们会排出像小方块一样的粪便。

鸮鹦鹉

鸮鹦鹉是一种肥大而强壮的鹦鹉，是唯一一种在地上产卵的夜行鸟类。由于它不会飞，除了细菌和真菌对它的威胁之外，猪、山羊、老鼠等外来物种也是致使其数量骤减的重要因素。

袋食蚁兽

袋食蚁兽是另一种栖身于桉树林中的受保护的有袋类动物。袋食蚁兽身长35～45厘米，有许多种颜色，但眼睛周围始终有两条特殊的黑色条纹。它每天可以捕食20000只白蚁。

兔耳袋狸

对已经灭绝的小兔耳袋狸来说，它们已经毫无未来可言。但兔耳袋狸仍有继续生存下去的希望。兔耳袋狸像是老鼠和兔子的混合体，有着长长的耳朵和尾巴。兔耳袋狸会在干燥的地方挖洞，并生活在洞穴中，但时常会受到野猫的攻击。

科学家，研究，以及灾难

拉扎卢斯计划

孵溪蟾灭绝于20世纪80年代，它有一个特殊的习性：雌性会在受精之后吞下受精卵。几周之后，小青蛙会从它的嘴里蹦出来。墨尔本的科学家试图将孵溪蟾的基因放入其他澳大利亚青蛙的卵中，但这个过程十分艰难。

科学家们估算，到21世纪末，可能会有1600~300万个物种消失，这一数据结果表明我们赖以生存的地球已经病了。

在自然进程中，一些物种的消失是正常的，这便是所谓的物竞天择。在地球生物史上，就曾经发生过几次自然原因造成的物种大灭绝。

但是当物种的消失是由于人类活动（比如砍伐森林、动物贸易、气候变化和环境污染）导致的，我们还能无动于衷吗？

我们是否应该"召回"那些已经灭绝的动物们呢？

你希望再次看见剑齿虎和渡渡鸟吗？科学家正在尝试克隆它们，我们把这个过程称为"反灭绝"。

西莉亚的故事

西莉亚是最后一只布卡多山羊。为了追踪它的行踪，科学家为它佩戴了无线电项圈，但几个月后信号便消失了——它被一棵树压死了。

西班牙的一个科学家团队将它的细胞放入山羊卵中。2003年，西莉亚的克隆体诞生了，但可惜的是，几分钟之后它便夭折了。

失而复得的DNA

俄罗斯的侏罗纪公园

直到大约1.2万年以前，猛犸象一直生活在西伯利亚，它们的粪便滋养着这里的土地。猛犸象消失后，这里只剩下了苔藓。

一位俄罗斯生态学家准备重新引入麝牛和马，并称其为"更新世公园"。

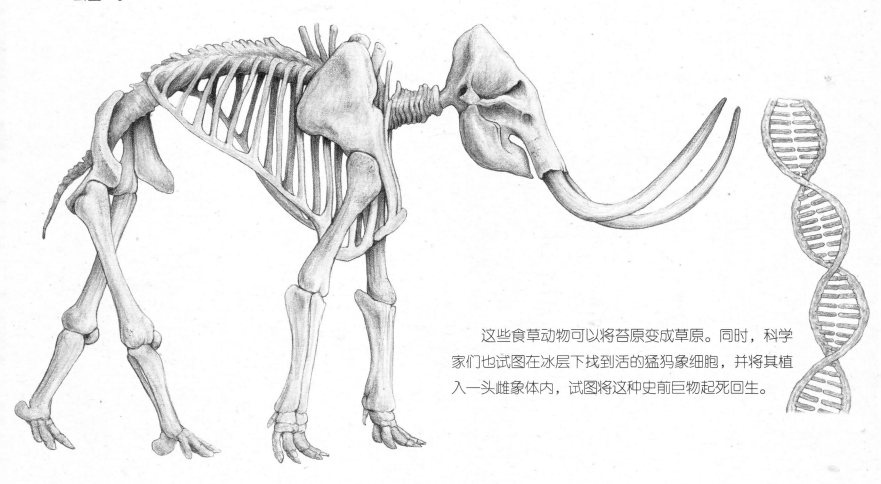

这些食草动物可以将苔原变成草原。同时，科学家们也试图在冰层下找到活的猛犸象细胞，并将其植入一头雌象体内，试图将这种史前巨物起死回生。

玛莎的故事

一位美国科学家发现了如何从最后一只旅鸽——玛莎的尸体上提取和合成DNA的奥秘。他正试图收集这些已灭绝的动物细胞，并将其植入鸽卵中。如果孵出的小鸟长着长长的尾巴，并有着和玛莎一般的颜色，那是否意味着它真的是一只旅鸽呢？

我们不知道是否真的有可能让渡渡鸟和恐鸟以及所有已灭绝的动物复活，也不知道这样的选择是否正确，但当下，除了尽可能保护环境及地球上仍存在的物种之外，我们别无选择。

关于保护动物，我们能做些什么？

婆罗洲猩猩

长臂猿

类人猿

动物行为学家（研究自然环境中动物行为的科学家）康拉德·劳伦兹曾说过："我们对动物的爱取决于我们愿意为它们牺牲多少。"这句话在珍妮·古道尔和黛安·弗西的身上得以体现。前者是黑猩猩的朋友，后者在刚果的维龙加山脉丧生，她终其一生都在开展对山地大猩猩的研究，并证实它们并不像人类认为的那样危险且充满攻击性。她并没有白白地牺牲，许多组织、科学家和志愿者都在致力于拯救类人猿，它们与人类有着极为相似的DNA，且关系密切，即便如此，它们仍遭到人类的无情射杀。

你见过被关在笼子里的婆罗洲猩猩悲伤的面容吗？它们一定非常怀念在印度尼西亚的丛林中无忧无虑荡秋千的日子。

捕捉婆罗洲猩猩的方式极为残忍：为了绑架小猩猩，他们不惜杀死猩猩妈妈。雌性婆罗洲猩猩非常溺爱孩子，它们会把孩子带在身边整整4年，为了保证孩子不会从树上掉下去，它们会用身体搭建树与树之间的桥梁。

你听过长臂猿的歌声吗？这是雄性长臂猿用来交流的方式，雌性长臂猿在早餐前的开嗓可以与歌唱家的歌声相媲美，之后它们会用长长的手臂将自己从一棵树荡到另一棵树上。

婆罗洲猩猩、大猩猩、黑猩猩和长臂猿极为稀有，尽管很多人反对，但设立公园和保护区以重建它们的栖息地却是拯救它们的唯一途径。这些保护区保护着仅存的森林，也让当地居民意识到保护猩猩的重要性，并且也对当地旅游业做出了一定贡献。

A.法螺
B.女王凤凰螺
C.大砗磲

贝壳和象牙……

象牙制品除了象牙之外，还包括海象和独角鲸的牙以及犀牛角。虽然很多国家和《濒危野生动植物种国际贸易公约》禁止使用象牙制品，但每年仍有数吨象牙制品被没收和销毁。

除了海龟之外，很多软体动物的壳也岌岌可危，比如女王凤凰螺，曾被当作圣水钵的大砗磲，还有曾被罗马人当作号角的法螺（它们会和珊瑚一起抵御共同的敌人——棘冠海星）。

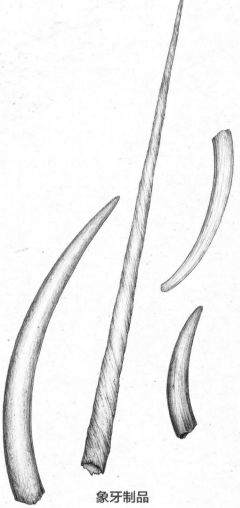

象牙制品

勿以善小而不为，你也可以为保护动物做些力所能及的事情。

如果你喜欢马戏，你可以去选择看那些没有动物表演的马戏团的演出。在马戏团里，动物们要经过长达数月的艰苦训练，还免不了挨打。它们时常被关在狭小的笼子里，没有其他同类的陪伴，还要被迫去做那些它们在野外根本不需要做的事。你也可以选择去那些或为了保护濒危物种，或真正为保护动物而建的动物园。

拒绝购买动物皮毛制成的衣服。你还可以支持致力于动物保护的组织。

发现需要帮助的野生动物，你可以致电当地林业局或野生动物救助中心。

不购买走私动物。你可以通过野生动物管理专用标识去确认它们的来源是否合法合规。

你也可以去学习更多关于它们的知识。

每天都有新的生命被发现

非洲豆丁海马

虾虎鱼

每年至少有200种新发现的动植物。科学家认为，大约有90%的生物仍不为人知。它们大多生活在十分隐秘的地方，比如蜘蛛（至少有9种）和昆虫，再比如格鲁吉亚的世界上最深的洞穴之———库鲁伯亚拉洞穴中新发现的一种甲虫。

还有来自小人国的动物朋友们：小如米粒的海马——非洲豆丁海马、非常迷你的骷髅虾及卡克塔蒂蒂猴。

神秘的大自然总是给我们带来新的惊喜，隐翻车鱼、优雅的虾虎鱼，还有苏门答腊的塔巴努里猩猩都是这几年大自然给人类的新礼物。

匹诺曹蛙

关于这些新发现的生物的名字，科学家们可谓是发挥出了所有的想象力，就比如头部有黄白色鳞片、身长只有零点几厘米的特朗普蛾，再比如由星球大战粉丝发现的天行长臂猿（取自其中的天行者卢克），还有因外表酷似霍格沃兹分院帽而命名的格兰芬多毛园蛛，以及在印度尼西亚的福贾山发现的鼻子上长有一个好玩的小疙瘩的匹诺曹蛙。

开心管鼻果蝠有两个鼻子，看起来就像是一位赐予自己名字的智者。加鲁达巨唇泥蜂是一种印度巨型黄蜂，传说是为了纪念神的使者迦楼罗而命名。

开心管鼻果蝠

霍加狓

通过对西太平洋的马里亚纳海沟的不断下潜，一种半透明的鱼类——马里亚纳狮子鱼得以被发现。

霍加狓如今再次出现了。一些19世纪的探险家把它们当成斑马，还有一些人觉得它是一种外表奇特的驴，甚至有人觉得它是由长颈鹿、斑马和马拼接而成的并不存在的动物。直至1986年，它才被证实是长颈鹿的近亲，并有了自己的属：霍加狓属。

当然新发现的物种远远不止这些，生物多样性仍能带给人类希望与惊喜。其中一些物种是在印度尼西亚的原始森林中被发现的，这更让我们意识到保护独特而珍贵的栖息地是多么重要！

有能用牙咬开椰子的体重仅0.9千克的啮齿动物维卡巨鼠；还有体型小但贪吃的杂食性啮齿动物食根鼠，那是那座岛上特有的物种。2007年，两名研究人员在刚果发现了一种外表十分祥和的猴子：洛马米长尾猴。

大多数新发现的物种都是伪装高手。比如外表和树叶毫无差异的缘斑小叶螽和柯氏姬叶螽，一种新发现会模仿蜗牛卵来躲避捕食者的海蛞蝓。

缘斑小野螽

明天会更好

好消息

控制入侵物种，设立野生动物保护区、救护中心、栖息地，颁布新法案保护濒危动物，实际上都在发挥着作用。现在有700多匹普氏马在蒙古草原上吃草。至少有28种鸟类不再濒临灭绝。其中包括波多黎各亚马孙鹦鹉，这种小鹦鹉曾只有13只，但现在数量已达250只。

白犀是仅次于大象的最大陆地哺乳动物，也是最有可能灭绝的动物。2000年来，人们误认为犀牛角具有治疗作用而捕杀它们，但事实证明这是错误的（犀牛角由角蛋白组成，就像我们的指甲一样）。

为了保护犀牛，国际社会发起了一场运动，并筹集资金建立了专门的反盗猎部队和自然保护区。在一个保护区里，7枚北方白犀牛的卵成功受精！

座头鲸也是一个成功案例。它是一种体型硕大的鲸，鳍长4~5米（它的学名实际上是"大翅膀"的意思）。它还有一条大尾巴，它用尾巴作为螺旋桨，完成跳跃和俯冲的动作。

由于它喜欢在海岸边游动，

因此一直被猎杀，数量减少了90%。直到1955年才禁止捕杀座头鲸，目前它处于无危状态。

安第斯山虎猫是一种大型猫科动物，有着厚厚的银灰色毛和环状的长尾巴。它曾被认为几乎灭绝，直到当它在捕食兔鼠的时候再次被摄像机拍到。秘鲁、智利、玻利维亚和阿根廷都有它生活的足迹。

然而，并不都是好消息。还未等科学家有机会对云豹进行深入研究，它们可能就已经灭绝了。人类对它们的了解少之又少，它们通常独来独往，隐居在泰国、印度尼西亚、马来西亚密不透风的森林中，人们觊觎它们有着看起来像云一样斑点的毛皮。

仍有5500种哺乳动物、10400种鸟类、10700种鱼类和100万只昆虫正处于灭绝的风险之中。

让我们竭尽所能去保护它们吧！

图书在版编目（CIP）数据

即将消失的它们 / (意) 赛莱内拉·夸莱洛著；
(意) 阿莱西奥·阿尔奇尼绘；袁家利译. -- 沈阳：辽
宁少年儿童出版社, 2025. 1. -- ISBN 978-7-5759
-0061-4

Ⅰ. Q95-49
中国国家版本馆CIP数据核字第2024W71B51号

Original title: Estintopedia
Written by Serenella Quarello and illustrated by Alessio Alcini
First published in Italy in 2022 by Camelozampa
The simplified Chinese edition is published in arrangement through NiuNiu Culture.
版权登记号 06-2023-04

出版发行：北方联合出版传媒（集团）股份有限公司
　　　　　辽宁少年儿童出版社
出 版 人：胡运江
地　　址：沈阳市和平区十一纬路 25 号
邮　　编：110003
发行部电话：024-23284265　23284261
总编室电话：024-23284269
E-mail：lnsecbs@163.com
http://www.lnse.com
承 印 厂：辽宁新华印务有限公司

责任编辑：董全正　袁丹阳
责任校对：段胜雪
封面设计：白　冰
版式设计：白　冰
责任印制：孙大鹏

幅面尺寸：240mm×330mm
印　　张：8　　　　字数：105 千字
出版时间：2025 年 1 月第 1 版
印刷时间：2025 年 1 月第 1 次印刷
标准书号：ISBN 978-7-5759-0061-4
定　　价：78.00 元